JN272097

ピーター・フランクルの超[ハイパー]数脳トレーニング

PeterFrankl-no
Hyper-SuNou-Training

WAVE出版

はじめに

　僕が得意とすることは3つある。数学、大道芸、外国語だ。20年前に日本へ来る前までは、数学だけで生計を立てていた。これに日本での路上パフォーマンスも加わって、「不思議な数学者」として注目され、マスメディアに登場するようになった。

　最初は「世界的な数学者が路上でジャグリングを！」とテレビやラジオ、新聞、雑誌で紹介された。知名度がちょっと上がると、様々な事について意見を求められるようになった。西洋から来たこともあり「外国人から見た日本」、つまり一種の文化比較論的観点の要請だ。

　それにきちんと答えるために、日本と世界を積極的に旅することにした。47都道府県すべてを訪れた。また、数学の学会が多い欧米だけではなく、アフリカや中南米など、世界80ヵ国以上を廻った。そして日本語や外国語の知識を大いに活用し、現地の人々と生き方や思想について意見交換をした。

　結論から言うと「日本を定住の地として選んでよかった」と今でも思っている。四半世紀前は理想郷のように映った日本。バブル期とその後片づけ、少子高齢化などによっていろいろな問題が水面化した。その中でぼくが一番気にかかるのが「ゆとり教育」を発端とした教育水準の低下である。

天然資源が極少の日本、その国が世界をリードする先進国になれた要因は欧米を越える高水準の国民教育である。具体的には高いレベルの算数と理科の教育がなければ、日本は技術大国として立国できなかった。

　強調したいのは、必ずしも「英語教育云々」ではないことだ。長い間英国の植民地だったアフリカの国々では英会話のレベルが日本を上回るところが多々ある。あるいは20世紀前半は米国の植民地だったフィリピン、ここもまた英語の水準は日本よりも高い。しかし経済的には日本どころかタイやマレーシアにも及ばない。

　やはり真の教育レベルは学に依ると思う。そしてこの本の目的はまさにそこにある。人生を営むために最も大切なのは思考能力である。そしてそれを鍛えるのに算数・数学的パズルはとても有効なのだ。

　この本を読んでいる皆さんには、ヒントを参考にしながらでも、各問題を自力で解いていただきたい。また、解説を通じて数学的考え方を知ってもらいたい。

　また、ぼくが世界中で体験したエピソードをきっかけに様々な国に関する見識を広げていただければ嬉しく思う。

　問題の別解やエッセイに関する意見も心待ちにしているよ！

目次

まえがき→002

初級編

問題1→**10桁の掛け算はできる?**→007

問題2→**年齢の和は?**→011

問題3→**接吻**→015

問題4→**狂った時計**→019

問題5→**1ℓの酢と2ℓの水**→023

問題6→**不思議なエスカレータ**→027

問題7→**数字の輪**→031

問題8→**3桁の数をつくろう**→035

問題9→**リリちゃんのノート**→039

問題10→**IQテスト**→043

中級編

問題1→**連続した数字の和**→047

問題2→**77円ピッタリ**→051

問題3→**生徒の配列**→055

問題4→**ダーツで推理**→059

問題5→**1000を目指して**→063

問題6→**不思議な時刻**→067

問題7→**カレンダーの一週間分を足して**→071

問題8→**ゾロ目ばかり**→075

問題9→**数字の差で逆ピラミッド**→079

問題10→**四則演算**→083

上級編

問題1→3つのサイコロ→087

問題2→対角線の交点→091

問題3→ケーキを分ける→095

問題4→十字架の分解→099

問題5→3つの分数の和→103

問題6→枠内の数字の個数→107

問題7→数列の秘密→111

問題8→長方形を切る→115

問題9→魔方陣→119

問題10→重い金貨をどう見つける?→123

HYPER TRAVEL COLUMN

北朝鮮での出来事→010

水球が強い国→014

語学留学するなら→018

トルコのタクシー→022

マヤ遺跡とポケモン→026

北キプロスは独立国家?→030

21世紀最初の旅→034

苗字はどっち?→038

チェスの思い出→042

インドの歯磨き→046

イタリアの国民投票→050

英国のイメージは？→054
平等国家スウェーデン→058
オートバイの楽しみ→062
時間ぴったりに閉店→066
台湾の魅力→070
長い紐の秘密→074
守宮(やもり)で占い→078
上流が下、下流が上→082
夏休みが嫌い→086
魅惑的な女性たち→090
高級リゾートの思い出→094
消防署の仕事→098
ふたつのコンゴ→102
めぐりめぐって己のため→106
それぞれの見解→110
コブラ騒動→114
のんびりムード→118
支配の歴史→122
急な坂道の町→126

超[ハイパー]数脳トレーニング
初級編

初級問題1

10桁の掛け算はできる?

数学者に関する世界的イメージは「計算が好きでよくできること」だそうだ。しかし実際はかなり違うのだ。数学者たちは単純計算をできる限り避けようとする。そんな機械的な作業は機械に任せよう、と彼らが今のパソコンの元にもなっている電子計算機を開発した。

前振りが長くなったけれど、次の掛け算の結果を求めてください。

3333333333×3333333334

ヒント

試しに桁数を減らして計算してみよう。
3×4=12
33×34=1122
333×334=111222
これらを見比べるとある法則に気づくよね!

問題1 解答

正解

111111111122222222222

解説

普通の電卓だと10か12桁までの数字しか表示できないので、問題の計算を電卓で直接行うことは出来ない。

ではどうすればよいのだろうか？ 計算用ソフトがついているパソコンが手元にあれば掛け算の式をそのまま打ち込んで = か Enter を押せば、11111111112222222222という結果が現れる。

でもおそらくそれを見て「なぜ10個の1と10個の2が並ぶという結果になったのか」と理由を知りたくなるだろう。手元にパソコンがない人はどうすればよいか？ ヒントに基づき桁数を減らして計算してみよう。
3×4=12、33×34=1122、
333×334=111222

これらを見れば結果が予測できると思う。

しかし、数学者としてはその理由も究明してきちんと証明をつけたくなる。ポイントは3333333334に3を掛けてみることだ。4×3=12、34×3=102、334×3=1002のように、10000000002となる。なぜかというと、3333333333×3=9999999999で、これに3（4と3の差に3を掛けたもの）を足したものになるからだ。$a \times b = \frac{a}{3} \times (b \times 3)$より結果は
1111111111×10000000002=
11111111112222222222

HYPER TRAVEL COLUMN 1
PeterFrankl

●D.P.R.Korea

北朝鮮での出来事

　初めて行った北朝鮮には中国の丹東(タントン)から陸路で入りました。平壌(ピョンヤン)までの列車は中国人教員の団体と一緒だったので、日本人が受ける"敵国"との印象はまったくありませんでした。白人はぼくだけで、幸い朝鮮語も話せるので車掌に誘われてゆっくりおしゃべりを楽しみました。車窓から見る風景も穏やかで、田や川で遊んでいる子供たちはみんな手を振ってくれました。ただ気になったのは、彼らも後々見かける子供たちもやせていたこと。北朝鮮の食糧事情を改善する一策としてダチョウの飼育が始まり、よく卵を見ましたが、1個で鶏卵25個分に相当するというからすごい！　でも「ダチョウが卵1個あたり食べる餌も鶏の25倍では?」と思ってしまいました。

初級 問題2

年齢の和は？

律子さんには4人の可愛い子供がいて、その子育てに追われている。子供はまだ小さくて、4人の年齢を足すと20となる。

では、3年後に彼らの年齢を足すといくつになるのだろうか？

また、3年前は子供たちの年齢の和がいくつだったのだろうか答えてください。

ヒント

人間が生き続けると年齢は一年で1つ増えていく。
子供たちも健やかに成長していくことを前提に考えて下さい。
それでも何年か前に、となるとちょっとした落とし穴がある。
あなたの年齢は、100年前は今の年齢マイナス100ではなかったよね！

問題2 解答

正解

3年後→32
3年前→8〜17 [10通り]

解説

初級の問題でありながら間違えやすい一題である。

3年間で生き物の年齢はどれも3つ増えるよね。だから子供たちの年齢も3つずつ増えていって、合計すると3×4＝12増えるのだ。よって「3年後」に関する答えは20＋12＝32となる。

これをふまえて、3年前は4人とも今より3つ少なかった、ゆえに和が20－12＝8だったと断言してしまうのは早とちりである。確かに、4人の（現在の）年齢が例えば、3歳、4歳、6歳、7歳ならば合っている。3年前は間違いなく 0、1、3と4歳で和が8だったのだ。

しかし子供の中で3歳未満の、例えば1歳児がいれば計算が合わなくなる。その子の年齢は3年前にマイナス2歳だったわけではない。

極端な例として子供たちの現在の年齢を0歳、0歳、0歳と20歳とすると3年前は17歳の子が1人だけいて、年齢の和が17だったことなる。また、現在の年齢は0歳、1歳、2歳と17歳ならば3年前は14歳の子が1人だけで、和が14だった。などなどとしっかり調べると3年前の年齢の和について8～17の10通りの可能性があると判明する。

HYPER TRAVEL COLUMN 2
PeterFrankl

●Republic of Montenegro

水球が強い国

　国によって人気のあるスポーツはずいぶん違う。サッカーや野球は日本でも盛んなので、ルールを知っている人も多いだろう。しかし日本で水球のルールを知っている人はどれくらいいるだろうか？　アドリア海に面しているモンテネグロでは、ライトアップされた野外水球場で試合を観戦するのが夏の風物詩らしい。身長2m近い選手たちが水中でぶつかる激しい様子はまるで格闘技の試合を見ているようだった。

初級 問題 3

接吻

```
  L I P
+ L I P
-------
K I S S
```

上の式が満たされるようにL、I、P、K、Sの各文字の値を求めてください。ただし、どの文字も0～9のどれかであり、それぞれの文字の値は異なることとする。さらにK≠0、つまりKISSはきちんとした4桁の数である。

ヒント

このタイプの問題に慣れている人ならあっさり解けると思う。
慣れていない人のために攻略法を伝授しよう。
LIPは3桁なので1000より小さい。これでKがすぐわかる。
また、P+Pか、その一の位がSとなることから、IとPの関係を把握できる。
ここまで出来ればあとは簡単だ。

問題3 解答

正解

```
  8 7 2
+ 8 7 2
-------
1 7 4 4
```
となる

解説

この答えを導く方法を説明しよう。

3桁の最大の数字は999で、その2倍も1998で2000よりも小さい。ゆえにK＝1と決まる。

Sに関してはP＋P＝SかP＋P＝10＋Sの2つの可能性がある。2つの同じ数の和は必ず偶数であるので、Sは偶数であることがわかる。一方、I＋Iの1の位も同じくSになっている。もしPが5より大きければ、繰り上がり（1）が発生する。I＋Iに繰り上がりの1を足したものが偶数になることはありえないので、P＜5であることがわかる。

同じ数字を2回以上使ってはならない。Kは1と決まっているから、Pは2か3か4である。

Iについてみてみると、I＋I＝SとI＋I＝10＋Sの可能性

があるが、同じ数を使えないのでI+I=Sということはありえない。つまりI=P+5だということがわかる。以上で明らかになった組み合わせをすべて挙げると下のようになる。

	A	B	C
P	2	3	4
S	4	6	8
I	7	8	9

百の位は1の繰り上がりがあるから、L+L=10+I-1だ。したがって、Iは偶数であることはありえない。

Cのケースを確かめてみよう。これだとI+I=18、L+L=18となってしまう。IとLは同じ数であってはいけないので、このケースは誤りだとわかる。

Aならどうか。Iが7だからL+L=10+7-1であり、Lは8となる。

よって唯一の正解はP=2、I=2+5=7、そして L=8に決まる。

初級編

H Y P E R T R A V E L C O L U M N 3
PeterFrankl

City of New York●

語学留学するなら

 東京、パリ、ロンドンなど国際都市は数多く存在するけれど、人種の坩堝(るつぼ)という意味ではニューヨークの右に出るところはないだろう。ケーブルTVのチャンネルを回しながら「これは何語だろう?」とクイズのように楽しめる。スペイン語や中国語はもちろんのこと、日本語、朝鮮語、ヒンディ語、さらにはタガログ語、ギリシャ語、トルコ語などの放送も観た。タクシーに乗ってもいろいろな外国語で運転手と会話ができるので、とてもよい勉強になる。さまざまな人種と言語が交差する都市・ニューヨーク。ここを語学留学先として見逃す手はない。

初級 問題4

狂った時計

ぼくの部屋の壁には大きな時計がある。でも最近その時計はどうも狂っているようだ。

昨日は正午を指したときに、ニュースを聴こうとラジオを点けたら「11時55分になりました」と流れてきた。

そして今日はラジオの昼のニュースが始まるとき、時計は午前11時55分00秒を指したのだ。

ではこの一日間で時計が正しい時刻を指したのは何時だったかを答えてください。

ヒント

即答しようとすると間違う可能性が高い。
難しい問題ではないけれど単純でもない。
一日と5分の間は時計がどのぐらい回ったのか
きちんと計算した上で答えてください。
そうするときっと正解にたどりつくよ。

初級編

問題4 解答

正解

23:57:30

解説

　時計は5分早かった状態から5分遅い状態に変わった。昨日の正午と今日の正午のちょうど真ん中にあるのは夜の零時零分である。だから「正しい時刻を指したのは夜中の0:00:00だ」と答えたくなる。しかしそれは間違いである。

　もし昨日の正午のニュースが始まったときに時計が12:05:00 を指したならば、それで正解になった。けれども問題の条件が異なっている。ラジオが伝えた正しい時刻で計算すべきである。それをちょっと整理しよう。

　ラジオが最初は昨日の11:55:00を伝えた。次は今日の正午、12:00:00である。二つの間に流れた時間は1日と5分である。

　一方ぼくの時計が指す時刻はその間12:00:00から11:55:00へと変わって、23時間55分進んだ。つまり実際よりは10分少なく動いた。

　これは1日と5分で「5分早い」から「5分遅い」へ転じたということだよね。だから、最初の5分進んだ状況から5分遅れるにはその半分の時間、つまり12時間2分30秒かかる。これを11:55:00に足せばよい。

HYPER TRAVEL COLUMN 4
PeterFrankl

●Republic of Turkey

トルコのタクシー

　客待ちのタクシー運転手はよくタバコを吸っている。客がくれば火を消すのが当然だ。ところがトルコの場合はまったく逆だった。客が乗るとその喜びを込めてタバコに火をつける。それだけではなく客にも「どうぞ」と1本提供するのだ。禁煙家のぼくは毎回そのタバコを断ってから運転手に行き先を説明していた。またトルコのタクシーはメーターが動かないので、自ら値段の交渉をしないとボラれる可能性が高い。もしトルコ語に自信がないのなら、払うつもりの札を実際に見せて交渉するのがいちばん。なんだか大変そうに聞こえるかもしれないけど、これも旅の楽しみのひとつだよ。

初級 問題5

1ℓの酢と2ℓの水

ここにちょっと大き目のボトルに入っている1ℓの酢と2ℓの水がある。そこからスプーン1杯分の酢をすくってそれを水に移す。それから水をよく混ぜる。

そして今度は水から同じスプーンを使って一杯分の液体(酢が混じった水)をすくってそれを酢のボトルに戻す。

では、この操作後に酢に入っている水の量と水に入っている酢の量、どちらの方が多いのか答えてください。

ヒント

感覚に頼らず、きちんと式を立てて考えよう。

問題5 解答

正解

まったく一緒である

解説

　この問題は感覚的に解こうとするとほぼ確実に間違ってしまう。「水の方が多いから酢に混じってしまう水の量の方が多い」とか「酢からスプーン1杯をすくう時は水が混じっていないので水の中の酢の量の方が多い」とか。

　正解の「まったく一緒」に感覚だけでたどりつく人は少ない。この問題を解くためのひらめきは正に「簡単な式を立てよう」である。

　残った酢の量をX、水に移ったのをYとし、酢に入った水の量をZとしよう。すると酢の総量が1ℓなのでX+Y=1である。

　また酢からスプーン1杯を移してから1杯を戻したので、ボトルに操作後もちょうど1ℓの液体が入っている。ゆえにX+Z=1も成り立つ。YもZも1−Xであるのだから、Y=Zが成り立つ。

HYPER **T**RAVEL **C**OLUMN **5**
PeterFrankl

United Mexican States●

マヤ遺跡とポケモン

　メキシコのマヤ遺跡を観に行ったとき、ホテルの隣に小学校があった。子供たちは庭で楽しく騒いでいたが、錠前がかかっている鉄門が銃を持った警備員とともに人の出入りを防いでいた。しかしぼくはその子供たちに自慢の大道芸をぜひ見せたかった。なんとか近くの先生に声をかけて、校長との交渉の結果、翌日マヤ遺跡にでかける前に600人ほどの生徒を前に講演することになった。ジャグリングはもちろん、話もとても盛り上がった。唯一困ったのは、日本在住と言ったら「ポケモンの話もして！」と求められたこと。日本のアニメの海外人気はすごい。その日、バス停で買ったジュースにもポケモンの絵が描いてあった。その空き缶は記念にとってあるよ。

初級 問題6

不思議なエスカレータ

エレナとイゴルは地下鉄のホームに設置されている長いエスカレータを上り始めた。

二人とも各段を一段ずつきちんと数えながら下から上までそれぞれ一定の速度で上っていく。エスカレータの速度ももちろん変わらない。

ところが、まったく同時に降口のレベルに到達したエレナとイゴルが数えた段数はエレナは60、イゴルは160段と違っていた。

ではその理由とエスカレータの停止時の段数を答えてください。

ヒント

とんちの問題ではないけれど、ひらめきや発想の転換が必要だ！

問題6 解答

正解

110段

解説

　一見「不可能」だと思ってしまう問題である。同じエスカレータを上る速度が速ければ速いほど数える段数も増えるのだ。ずっと動かなくてもエスカレータが上まで運んでくれるのだからこの場合の段数は「0段」となる。

　だから二人が数える段の数が異なっていても不思議ではない。ただしそれなら上に到着する時間も異なるのではないか？

　段数が異なっていた訳は、イゴルが「下りるエスカレータ」を上ったからである。それなら段数が違っているのも納得だよね！

　エレナは上る間にエスカレータが上った分は段を踏まなくてすむのに対し、イゴルはエスカレータの長さ＋エスカレータが下った分を踏むことになる。

　上下のエスカレータは同じ速さなので、エレナが得した分とイゴルが損した分、つまりエスカレータの動いた分はプラスにもマイナスにもならない。よって停止時の段数は（60＋160）÷2＝110段と計算できる。

HYPER TRAVEL COLUMN 6
PeterFrankl

●Republic of Cyprus

北キプロスは独立国家?

「今まで何ヵ国を訪問してきたの?」とよく聞かれる。正確に答えるのは実は難しい。例えば、東西両ドイツを数回旅したが今はふたつではなくひとつの国である。3時間ほどしか滞在していないミニ国家・バチカン市国も数えてよいものか疑問がある。けれどもいちばん複雑なのは地中海の島国・キプロスだ。1974年の内戦で人口の3分の2を占めるギリシャ系住民は島の南部に、トルコ系住民は北部に住み、83年に彼らは「北キプロス・トルコ共和国」の国名で独立を宣言した。この状況は30年も続いているが、この国を承認しているのはトルコだけである。国境でビザをもらってこの地域を旅し、大道芸もやってきたぼくは、これをキプロスと別の国として数えるべきだろうか……。

初級 問題7

数字の輪

　下の図をご覧ください。円周上に7つの数字が並んでいる。0〜7の8個の数字から5だけが抜けている。では隣同士の差を調べよう。

　3−0=3、7−0=7、7−1=6　などで1、2、3、4、5、6、7のすべての数字が一回ずつ現れる。では、5以外の0〜11の数字を1〜11のすべてが差として現れるように並べて下さい。

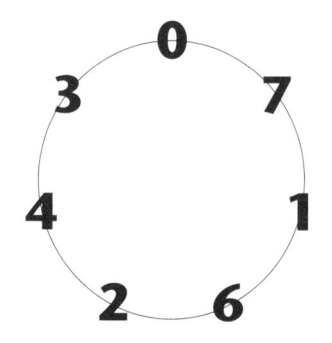

```
       0
   3       7

 4           1

    2     6
```

ヒント

図の右半分を見ると0、7、1、6、2と規則的に数字が並んでいる。
隣同士の差は順番に7、6、5、4となっている。
同じように0、11、1、10、2、9、3、8、4、7と並べると
差が11〜3ときちんと並んでいる。
けれども最後の6を入れたら7−6=1と6−0=6が現れて、
2がなくて6は2回になってしまう。
途中からうまくいじって、丸く収まるようにしてください。

初級編

問題7 解答

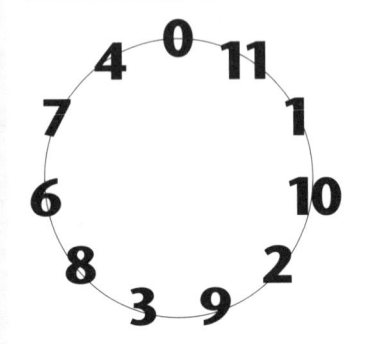

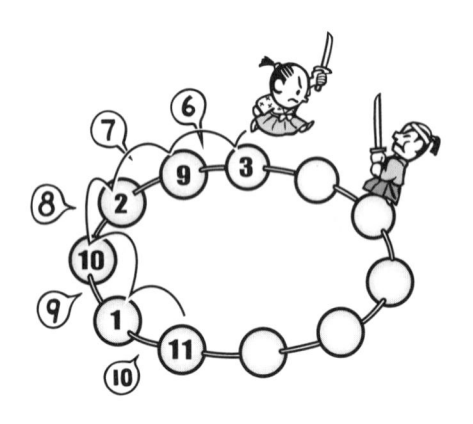

正解

解説

　1～11の各数字を一回ずつ差として作らなければならない。大きい数字に注目しよう。11を作る方法は11−0しかない。10は11−1と10−0の2通りである。だから11の両隣に0と1を置くのか、0の両隣に11と10を置くのか2通りの可能性がある。

　試しに前者にしてみよう。すると続く9、8などを作り出す一番自然な方法は　0、11、1、10、2、9、3、8、4、7となる。しかし残りの6を加えると7−6=1が出てくるが2という差が現れない。そこで6を4の代わりに入れるとピッタリになる [左図参照]。

　図の並び方で各数字xを11−xに換えると差が変わらない。だから1～11のすべてが1回ずつ現れる。ただし抜けている数字は5ではなく11−5=6となる。

　一般的には0からnまでの数字から1つを除いて、残りを円周上に並べ、隣同士の差として1～nのすべてが1回ずつ現れるやり方はnかn+1が4で割り切れる時に限って存在している。

HYPERTRAVELCOLUMN 7
PeterFrankl

●Republic of Cote d'Ivoire

21世紀最初の旅

　それはコートジボワール（象牙海岸）だった。アビジャンのホテルでの朝食のとき、とても派手な民族衣装を着た人たちがいた。話をしてみると、その日から始まるアフリカ民族芸能祭の出演者だと判明。そこで大道芸ができればとすぐに会場の文化センターに向かうと、スタッフや芸人であふれていて許可を得るどころか最高責任者を見つけることさえできなかった。落胆して中央広場に出ると、ひとりの中国人が座っていた。声をかけると、なんとその文化センターを建てた中国企業のボスで、アフリカで白人と中国語で会話するのを面白がっていた。結局、彼の鶴の一声で夜の出演が決まり、地元の芸人たちとも仲良くなった。

初級問題 8

3桁の数をつくろう

3、4、5、7、8、9の各数字1回ずつ使用し、結果が675になる式を作ってください。

使える記号は四則演算とカッコのみとし、2つ以上の数字を組み合わせて54や397などの数字を作ることも禁止です。

余裕のある人は結果が677になる式も作ってみてください。

[参考] 676を作る式
(9+7−3)×(5+8)×4=676
(7+3)×9−5×8−4=676

ヒント

1桁の数字を使って3桁の数字を作るためには、掛け算が不可欠となる。
だから因数分解が有効だ。
例として挙げた676の場合は、676=13×13×4を用いた。
675の場合も因数分解をすれば解は見つかると思う。
また、近い数字を因数分解して、それを利用し、
最後に足し算や引き算で調整すればよい。
677も基本的には同じ方法だが、
割り算も必要となってくるのでちょっと難易度は上がる。

問題8 解答

正解

$675 = 5 \times 9 \times (7+8) \times (4-3)$

$675 = 5 \times 9 \times 3 \times (7 - \dfrac{8}{4})$

$675 = 4 \times (3+7) \times (8+9) - 5$

$677 = \dfrac{9}{3} \times 8 \times 4 \times 7 + 5$

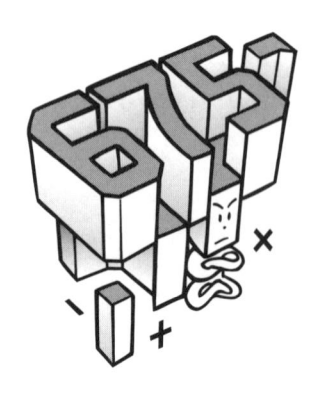

解説

　小さい数から大きい数を作ろうと思うと、掛け算は最も効果的だ。2でも2×2×…×2、と10回も掛け合わせると1024で1000を越す。

　そこで675を因数分解してみよう。一の位が5なので5の倍数である。さらに各桁を足すと6＋7＋5＝18＝9×2、つまり9の倍数でもある。

　たちまち675＝5×5×3×3×3という因数分解ができる。5と3×3＝9は使用可能な数字に含まれているので、残りの数字で5×3＝15を作ればよい。

　この方法で675＝5×9×(7＋8)×(4－3)をという式が出来上がる。

　もうちょっと複雑な式を紹介しよう。
$$675 = 5 \times 9 \times 3 \left(7 - \frac{8}{4}\right)$$
　また、680＝2×2×2×5×17＝4×10×17をもとに675＝4×(3＋7)×(8＋9)－5もある。

　他にもいろいろあるので皆さんも探してみてください。

　677の場合、因数分解しようとしてもダメ。実は677は素数である。680－3として作ろうとしてもなかなかうまくいかない。しかし、672＋5とすると672＝3×8×4×7をもとに$677 = \frac{9}{3} \times 8 \times 4 \times 7 + 5$を作ることができる。

HYPER TRAVEL COLUMN 8
PeterFrankl

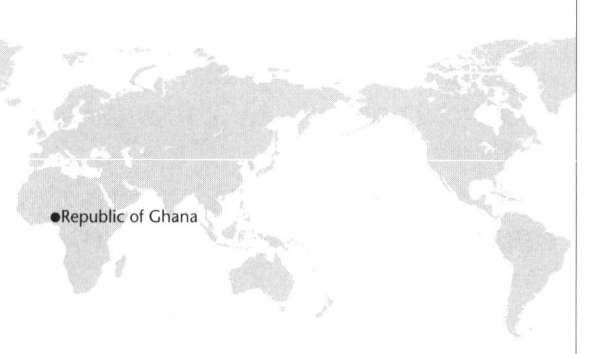

●Republic of Ghana

苗字はどっち?

　前国連事務総長のコフィ・アナン氏はご存知ですよね。では彼の苗字はコフィでしょうかアナンでしょうか? ガーナを訪れるまではコフィが名前でアナンが苗字だと思っていた。ガーナに着いて彼の出身地、古都・クマシで盛んなアカン語をちょっとかじってみたら、コフィは「金曜日生まれ」、アナンは「同母から生まれた4番目の子供」の意味で、決して苗字ではない。クマシではこのような命名が男女ともに多い。ガーナの公用語は英語になっているけど、貧困層ではアカン語しかわからない人がほとんどなのだ。わずかな努力で覚えた数少ない言葉を連発したが、みんなすごく好感を持ってくれた。家の中を見せてくれたり、一緒に写真を撮ったりととても楽しかった。

初級 問題9

リリちゃんのノート

リリちゃんのノートに2桁の掛け算の計算式がびっしり並んでいる。そのいくつかを紹介しよう。

11×11=121

12×12=144

13×13=169

31×31=961

32×32=925

33×33=9801

では、52×52と53×53の答えは?

ヒント

ひらめけば一瞬にして解ける問題だけど、そのひらめきを促すために
リリちゃんのノートからもう少し計算式を紹介しよう。
21×21=441
22×22=484
41×41=691
42×42=675
これで法則を見抜けたかな?

初級編

問題9 解答

正解

52×52=526
53×53=5221

解説

リリちゃんは掛け算は上手だが、数字を書くときに一の位から書いているのだ。つまり、2007をリリちゃんは7002と書く。

だから彼女の書いた52と53は5＋10×2＝25と5＋10×3＝35の意味である。

25×25＝625なので、これを一の位から書くと526となる。また35×35＝1225で、一の位から書くと5221と、上の答えのようになるのだ。

では、正解にたどり着くためにはどう考えていけばよいか。11×11、12×12、13×13、21×21、22×22、31×31はリリちゃんの書いた式で合っているので、他の式に注目しよう。32×32＝1024であるはずが、3桁の数字で書かれている。41×41、42×42も同様だ。一方33×33＝1089のはずが9801となっている。

ここで1089と9801を並べてみると順番がちょうど逆であるということに気づくだろう。これを手がかりにすれば問題は解ける。

念のために確認すると、14×14＝196と24×24＝576で、リリちゃんの式と鏡映しである。

初級編

HYPER TRAVEL COLUMN 9
PeterFrankl

Bolivarian Republic of Venezuela●

チェスの思い出

　先進国のパスポートを所有すると、多くの国へビザなしで渡航できる。ニューヨークでの凍えるほど寒かったある日曜日、新聞にカラカス行きの安いチケットを発見した。翌日電話で購入、3日後の夜にベネズエラにいた。ガイドブックも宿泊の予定もなかったが、空港から徒歩10分のホテルに部屋をみつけ、真夜中にカリブ海で泳いだ。そして翌日には、標高1000mで気候も快適な首都カラカスに移った。人口200万人で中心は徒歩で回れる街。南米独立の指導者・ボリーバルの誕生地でもあり、古い建物も多かった。でもいちばんの思い出は、毎晩広場に集まるチェス愛好家たちとゲームを繰り返したことだ。日本では街角で将棋を指す人は見たことがない。不思議だ……。

初級 問題10

IQテスト

IQテストのような問題を出題しよう。

0	3
1	2

➡

6	3
5	4

のとき、

5	6
3	9

➡

上の空いている4つのマス目に論理に適った数字を当てはめてください。

ヒント

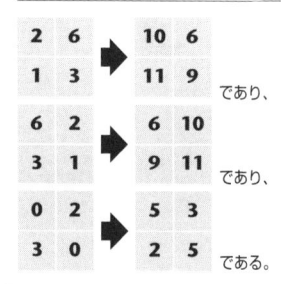

2	6
1	3

➡

10	6
11	9

であり、

6	2
3	1

➡

6	10
9	11

であり、

0	2
3	0

➡

5	3
2	5

である。

初級編

問題10 解答

正解

18	17
20	14

解説

　ヒントなしで解けた人はすごい！

　ヒントを見て気づくべき点は3つある。

　1つは、列を交換すると結果の列も同じように変わる。だから行われる操作もマス目の位置によって変わらない。（初めと2番目のヒントより）

　2つ目は一番小さい数があったマス目に操作後は一番大きい数が入る。もっと正確には、0、1、2、3は6、5、4、3へ、と順番はまったく逆になる。

　3つ目は、最後のヒントを見て、5＝2＋3であることだ。これを見て「足し算と関係がある」とひらめくだろう。

　そこで問題文の正方形を2つずつ足してみると、0＋6＝1＋5＝3＋3＝2＋4＝6、と和が一定であるとわかる。

　最終的には「各マス目に残り3つのマス目の数字の和が入る」という法則にたどり着く。計算すると6＋9＋3＝18、5＋6＋3＝14、5＋3＋9＝17、5＋6＋9＝20という答えが得られる。

HYPER TRAVEL COLUMN 10
PeterFrankl

インドの歯磨き

　ぼくが初めてアジアに来たのは27年前になる。そのときムンバイ（ボンベイ）にあるインド最高の数学研究所・TIFRを訪問した。想像した以上のカルチャーショックと同時に、とてもためになる驚きばかりの3ヵ月をすごした。例えば、インドのほとんどの人は歯ブラシを持たない。では口臭がひどいのかというと、それはまったく違う。口に少し水を含み、指に粉末状の歯磨き粉をのせる。そしてその指で歯茎をマッサージしながら口内を磨くのだ。ちなみにこの話を知り合いの歯医者にしたら、彼は早速、歯周病で出血しやすい患者に勧めてみたらしい。結果、評判も上々だったっていうからみなさんも是非試してみてください！

超[ハイパー]数脳トレーニング
中級編

中級問題1

連続した数字の和

次の式をご覧下さい

118+119+120+121+122+123+124+125+126+127+128+129+130+131+132+133=2008

これは西暦2008年の2008をいくつかの連続した整数の和として表す式である。

では西暦2009年の2009をいくつかの連続した整数の和として表す式を作って下さい。

ヒント

上の式がなぜ成り立つのか考えよう。
16個の連続した整数の和は
真ん中の2個(125と126)の和(251)の8倍($\frac{16}{2}$)で、
確かに251×8=2008である。
一方、奇数個の場合は和を求めるために真ん中の数に個数を掛ければよい。
いずれの場合も和を二つの数字の積として表す必要がある。
だから2009を因数分解してみよう。

中級編

問題1 解答

<u>正解</u>

1004+1005=2009
284+285+286+287+288+289+290
=2009
17+18+19+…+63+64+65=2009
29+30+31+…+67+68+69=2009
など

解説

　2009は奇数なので一番単純なやり方は
2009＝1004＋1005である。
　しかしこれ以外にもある。それを見つけるためには2009を因数分解すべきである。2、3、5で割り切れないけれど7なら大丈夫。
　2009＝287×7で、さらに
287＝41×7である。よって2009の因数分解は
2009＝41×7×7となる。
　287を真ん中に7つの数字を並べると
　284＋285＋286＋287＋288＋289＋290＝2009
となる。
　41を真ん中に49個を並べると
　17＋18＋19＋…＋63＋64＋65＝2009、
　49を真ん中に41個を並べると
　29＋30＋31＋…＋67＋68＋69＝2009となるのだ。
　一方、7を真ん中に287個を並べようとすると
　－136＋(－135)＋(－134)＋…＋136＋137＋…＋150になってマイナスの数字も表れる。しかし慌てる必要はない。－136から＋136までの分を足せば0になるので残りの14個を足せばよい。
　137＋138＋…＋149＋150＝2009

HYPER TRAVEL COLUMN 11
PeterFrankl

●Republic of Italy

イタリアの国民投票

　観光地として世界で5番目に人気の高い国イタリア。その首都ローマで半日を過ごした。自転車を借りて名所のにぎわいを確かめに行くと、やはりすごい。トレビの泉やスペイン広場は、自転車はもちろん徒歩でもなかなか進めない人だかりだった。そして円形劇場（イルコロセオ）の前には世界各国からの旅客が炎天下に長蛇の列で中に入るのを待っていた。ところでイタリアは国民投票が行われている。しかもそのルールが面白い。成立するためには、単に賛成票が反対票を上回ることでは足りない。有権者の半数以上が投票する、という条件もある。関心が薄いと成り立たないのだ。日本でも憲法を変える国民投票を定める際、参考にしてほしい。

中級 問題2

77円ピッタリ

7円をピッタリ支払う方法は2通りある。

一つは1円玉を7枚使う方法で、もう一つは5円玉を1枚と1円玉を2枚使う方法である。

では77円をピッタリ支払う方法は全部で何通りあるのか答えてください。

もちろん10円玉と50円玉を使ってもよい。使う枚数に制限はなく、1円玉77枚でも構わない。

ヒント

このタイプの問題だと次から次へとやり方を見つけるのは難しくない。
ただしうまく場合分けしないと同じ支払い方法が何回も出てきたりする。
また、そしてこれは一番大事なところだけれど、
どこで「これで全部だ」と判断すべきかわからない。
もしかするともうちょっと頑張れば
さらに新しい支払い方法も発見できるかもしれない、といつまでも疑問が残る。
そこで可能性をきちんと整理して場合分けしよう。

問題2 解答

正解

84通り

解説

　77円を1円と5円だけを使って支払う場合は、5円が0枚から15枚までの16通りある。

　10円玉を使うならどうなるか。10円は1枚から7枚まで使用できる。10円を7枚使うと、残り7円を1円と5円で支払う方法は5円×1＋1円×2と1円×7の2通りある。

　10円が6枚の場合は、5円×3＋1円×2、5円×2＋1円×7、5円×1＋1円×12、5円×0＋1円×17の4通りとなる。このことから10円が1枚減るごとに方法は2通りずつ増えていくことがわかる。よって、10円を使用した場合の数は2＋4＋6＋8＋10＋12＋14＝56通りである。

　50円玉を使うと、残り27円の支払いの場合の数は10円が2枚、1枚、0枚の場合でそれぞれ2、4、6通りだから2＋4＋6＝12通りとなる。よって16＋56＋12＝84通りとなる。

HYPER TRAVEL COLUMN 12
PeterFrankl

●United Kingdom

英国のイメージは?

　英国についてどんなイメージを持っているだろうか? 明治時代の日本人にとっては間違いなく三列強のひとつとして憧れの国だった。シェークスピアやニュートンに代表されるように、文化や学問にも輝かしい功績を誇り、産業革命の地でもある。そんな英国だが、美食の文化に限っては欠如している。その原因は快楽を求める生き方を否定する清教徒 (ピューリタン) 思想にある。しかし、人間には娯楽も必要。そこで英国人はテニスにゴルフ、サッカーにラグビーと様々なスポーツを開発してきた。英国のパブから世界へ広がったダーツもそのひとつである。名人のゲームはテレビでも中継されるくらいの人気だ。場所もとらないから、日本でももっとあるといいね。

中級 問題3

生徒の配列

 ある学校で生徒たちを数学的にも美しい形、正方形になるように整列させようとした。

 ところが行と列の数が等しくてうまくいきそうだったのに生徒が4人足りなかったため、「長方形にして下さい」と再提案した。そのためには一列に何人ずつ並べればよいのか答えてください。

 ただし、生徒数は奇数で、十の位を四捨五入すると600人だった。

ヒント
生徒たちの人数に関する情報
[1] 奇数である
[2] 550人と649人の間である
[3] 4を足せば正方形ができる数となる

問題3 解答

正解

各列に23人か
各列に27人ずつで並べればよい

解説

　正方形にできる数、つまり平方数を1から小さい順に書き出すと550〜649の範囲に収まるのは24×24=576と25×25=625だけということがわかる。

　また、そこから4人引いたものが奇数なのだから、24×24は条件に合わない。よって生徒数は625−4=621人に決まる。

　これをさらに2つの数字の積として表せないといけない。比較的に小さい数なので試行錯誤でもできるだろう。

　でも中学校で習った公式

　a×a−b×b=(a+b)(a−b)

　を用いるとすぐ解ける。

　625=25×25なので

　25×25−2×2=(25+2)(25−2)

　ゆえに621=23×27 が得られる。

HYPER TRAVEL COLUMN **13**
PeterFrankl

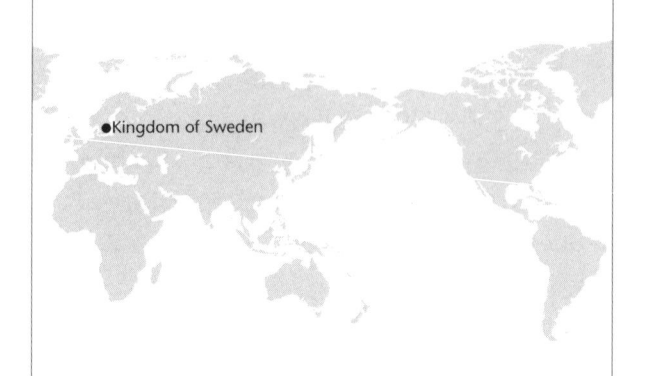

●Kingdom of Sweden

平等国家スウェーデン

　世界で初めて少子高齢化問題に直面した国は、おそらくスウェーデンである。富裕層から高い税金を取り、弱い者いじめをしない政策を貫いて見事に成功した。ストックホルム大学で教えたとき、廊下を清掃する方と自分の収入がほとんど変わらないことに驚いたが、ぼくのような外国人にスウェーデン語を教える学校まで教育費はすべて無料であることに感動した。良い意味の平等主義を徹底したこの国、新聞で王様と小学生の手紙のやりとりの記事を見て「もはや国王も特権階級というより、ひとつの職業になっている」と感じた次第です。

中級 問題4

ダーツで推理

A、B、C、D、E、F、Gの7人がダーツを楽しんだ。全員3本のダーツを投げて、その合計得点を調べたところ、得点は順に

54、53、51、40、23、21、18だった。

ダーツの点数は1、2、3…20、50点。

不思議なことに7人が投げた結果、1、2、3…20、50の各点数に1回ずつ当たった。

さて、15点に当てたのは7人のうち誰でしょう?

ヒント
高得点獲得者のうち一番高い得点である50点を出したのが誰かを考えよう。

中級編　　059

問題4 解答

正解

D

1	2	3	4	5	6	7
8	9	10	11	12	13	14
15	16	17	18	19	20	50

解説

　7人の合計得点しか与えられていないのに15点に当てたのが誰かわかるのだろうか？　一般的にはそのようなことはない。これが可能なのは、合計得点がかなり特徴的だからだ。

　7人の中で50を越える高得点を出した人が3人、23点以下の低い得点の人が3人いる。

　では、まず50点を出したのは誰かを考えよう。3回のうち1回を50点に当てると、残りの2回は最低でも1点と2点、つまり50点を出した人は50＋1＋2＝53点以上を獲得したことになる。よってそれが可能なのはAとBの二人だけだ。

　仮にBだとしたら、Bは何らかの順で1、2、50点を出したことになる。これでE、F、Gの3人の点数の和は少なくとも3＋4＋5＋6＋7＋8＋9＋10＋11＝7×9＝63点となる。一方E、F、Gの点数の和は、23＋21＋18＝62点となってしまう。だからこれは無理だ。

　ゆえに50点を投げたのはAで、50＋3＋1＝54点となる。

　そして、E、F、Gの合計9個（3×3本）の点数も2＋4＋5＋6＋7＋8＋9＋10＋11＝62に決まる。

　これで12以上の数しか残らない。Dの得点、40点を作るには12＋13＋15しかないので答えはDとなる。

HYPER TRAVEL COLUMN **14**
PeterFrankl

●Socialist Republic of Viet Nam

オートバイの楽しみ

　8年ぶりにベトナムへ行った。ホーチミン（旧サイゴン）の街は完全に変わっていた。空港から中心部までタクシーに乗ると1時間。以前は20分だったのに……。その原因は一般市民の足がバスからオートバイに変わったから。ぼくも地元数学者のバイクの後ろに乗せてもらい、2時間もサイゴンバイナイトを楽しんだ。2車線道路に5〜6台のバイクが並走するのは普通である。隣を走る人に声をかけたり、ちょっとした会話を交わしたりするのはすごく面白かった。これがきっかけで交際が始まり、結婚まで発展する例も少なくないとか。10年後にはみんな自家用車に乗ってしまい、気軽に会話できなくなると考えるとなんとなくさみしい。

中級 問題5

1000を目指して

1から出発して、次の2種類の操作を繰り返す。

[a] 数を倍にする

[b] その数の各位の数字の順番を好きなように入れ替える

例えば、1→2→4→8→16→61→122→212…という具合に。

では、1から1000までの手順を示してください。

ヒント

最初は1→2→4→8→16しかないけれど、
2桁になってからは各数字を入れ替えるなどの選択肢が増えるので困ってしまう。
そこで最終結果の1000から逆をたどることにするとよい。
1000は各位の入れ替えではない。そうなると500に2を掛けるしかない。
同様に500も250を倍にして現れたことになる。
250の前には何があったのだろう?
そうやって調べていくと正解が見つかるはずだ。

問題5 解答

正解

1→2→4→8→16→32→64→128→256→512→125→250→500→1000
または
1→2→4→8→16→32→64→128→256→512→251→502→250→500→1000
の2通り

解説

最初は1から単純に倍にしていくしかない。16からは入れ替えも可能だが、入れ替えしない場合に得られる1000未満の数を記しておこう。

32→64→128→256→512

次は1000から逆算してみよう。1000とその半分の500は入れ替えによって得ることが出来ないので、1000は250→500→1000という手順によってしか得られないとわかる。250の直前には3つの可能性がある。半分の125と入れ替えの520と502だ。(必ず偶数だけ!)125だと2を9回掛けた$2^9=512$の入れ替えなので、1つ目の答えとつながる。

502だと、その前は半分の251だったはずだ。これもまた512の入れ替えなので2つ目の答えとつながる。

一方、520は260から得ることが出来るけれど、1からつなげることは出来ない。

HYPERTRAVELCOLUMN 15
PeterFrankl

● Federal Republic of Germany

時間ぴったりに閉店

　ハンブルクに住んでいたときの話です。その日の夕食の買い物のためスーパーに入ろうとした。時刻は午後6時58分。背の高い店員がぼくの前に立ちはだかって「閉店です」という。「違うでしょう。閉店は7時では?」と訴えてみた。店員は譲らず時計を見ながらこう言った。「あと85秒で7時だ。あなたがこれからカートをとって、品物を選んで、レジまで運んでいく間に確実に7時になってしまう」。ぼくはあきらめた。この話を読んで多くの日本人は「ドイツって不便だな」と感じるかもしれない。しかしドイツ人の考え方は違う。お互いの時間を厳守するのは社会的契約だ。これによって残業もなくなり、定刻どおり会社を出て、夕方から家族や友達と自由に楽しむことができるのだから。

中級 問題 6

不思議な時刻

19.09.19 19:09

　これは平成19年9月19日の午後7時9分とある年月日と時刻を表している。よく見ると使われている数字はちょうど10個である。しかも0と1と9の3種類だけで表されているからちょっと面白い。

　そこで問題。0から9までの各数字を一回ずつ使って、これから一番近い、未来の年月日と時刻を考えてください。

ヒント

小さい数字、0、1、2をどう使うのかを考えよう。
月は01から12までなので0か1かは絶対必要だ。
日は01から31までなので0、1か2は必要だ。
時は01から24までなので0、1か2は必要だ。

中級編

問題6
解答

正解

平成34年06月27日18時59分

解説

　ではこの正解の探し方やなぜこれは一番近い未来なのかを解説しよう。ポイントはヒントにあるように小さい数字、0、1、2をどう使うのかである。

　0、1、2は一回ずつ、全部で3箇所でしか使えないので月、日、時にそれぞれ一回ずつ使わなければならない。となると年と分では0、1、2が使えなくなる。ゆえに年は一番小さくても34となる。

　これで正解にずいぶんと近づいたよ。月を小さくしようと05にすると今度は分のために6以下の数字が残らなくて困ってしまう。だから月を06にする。

　この時点で残るのは1、2、5と7、8、9である。時は27や28、29では困るので1を日ではなく時で使うべきだ。

HYPER TRAVEL COLUMN 16
PeterFrankl

台湾の魅力

　ぼくにとって台湾の最大の魅力は「融通が利く」ことである。台北(タイペイ)から高雄(カオシュン)へ行ったときのこと。電車が到着したホームから改札口までは長い階段を上り下りしなければならなかった。大きな荷物を持ったぼくは駅員に、エレベータはないのか尋ねた。彼はしばらく考えてぼくを業務用エレベータへ案内してくれて、結局とても楽に改札口も通らず駅の外へ出ることができた。また、銀行で両替しようとしたときのこと。パスポートを求められたが、たまたま所持していなかった。ぼくの悲しい表情に気がついた銀行員は「ではぼくの名義で」と自分のパスポートを取り出し、書類もすべて記入してくれた。謝謝(シェシェ)！

中級 問題 7

カレンダーの一週間分を足して

数字で遊ぶことが好きな数男君はある週の月曜日、目の前のカレンダーで月曜日から日曜日までの各日を表す各数字の各位を足してその和が44だと計算した。

では、数男君が計算を行った月曜日は何日だったのだろうか。

ちなみに月曜日は21日ならば各位の和が2+1=3で、火曜日から日曜日までは4~9になり、全体の和が3+4+…+9=42で、惜しいけれど合わないのだ。

ヒント
単純に方程式を立てようとすると引っかかってしまうよ！

問題7 解答

正解

26日

解説

その月が30日の月であれば7つの日が26日、27日、28日、29日、30日、1日、2日となり各位の数字を足して8+9+10+11+3+1+2=44でピッタリだ。実は閏年（うるう）の2月26日でも大丈夫だ。その場合に30日が消えて、代わりに各位の和がそれと等しい3日が入るので全体の和が変わらない。

　この問題を高校生や大人が考えると方程式を立てようとする。月曜日の各位の和をXで表すとその後はX+1…X+6が続いて方程式は7X+21=44となるのだ。ところがこれを解くとX=$\frac{23}{7}$で整数とならない。

　しばらく考えると途中で19と20のように十の位の数字が変わるところがあると気がつく。そして20の各位の和が2で1+9に1を足した11よりは9少ないのだ。このことを考慮してもっと複雑な方程式を立てることも可能だけれど計算はうまくいかない。

　途中で10日か20日か30日があるかによって場合分けして調べるとこの答えしかないことを確かめることができる。

HYPER TRAVEL COLUMN 17
PeterFrankl

●Union of Myanmar

長い紐の秘密

　ミャンマーの首都・ヤンゴンの町を歩いていると、不思議なことに気がつく。建物の多くの窓から地面の近くまで長い紐がぶら下がっているのだ。紐の先端には小さな錘（おもり）がついていて、それにビニール袋がかかっているものもあった。最初は「配達された商品を上げるためかな?」と思ったが、それは呼び出しのベルだったのだ。例えば6階の右端に住んでいる知り合いを訪ねるとき、入り組んだ紐を目で追って窓の位置までたどって確認する。紐を引っ張ると、家の中で風鈴のような小さな鐘がチリンチリンと鳴り来訪を告げるのだ。電力不足でエレベータどころかインターホンもよく停止しているこの国では、在不在を知るとても重要な手段なのだ。

中級 問題 8

ゾロ目ばかり

次の2つの式をご覧ください。

$$2222-222+2\times2\times2=2008$$
$$(444-44)\times(4+\frac{4}{4})+4+4=2008$$

いずれも西暦2008年を表す式で、数学の記号以外に同じ数字（2と4）ばかりを使用している。

では、2007や2008を表す、もっと簡単な式を作ってみてください。数学の記号は自由に使用してよいけれど、登場する数字は1つだけにしてください。

ヒント

いきなり2007や2008を表そうとせず、
2000や1999、さらに1を引いた1998などの表しやすい数字を考えよう。
1998は999×2、666×3や333×6として表せる。
そしてそれらを組み合わせて目指している数をどう作り出せるのかを
考えてみよう。

中級編

問題8 解答

正解

$$999+999+9=2007$$

$$999+999+9+\frac{9}{9}=2008$$

$$(6\times 666+6)\times \frac{6}{(6+6)}+6=2007$$

$$(88-8)\times(8+8+8+\frac{8}{8})+8=2008$$

など

解説

9を使った場合を考えてみよう。

999+999+9=2007、

また$\frac{9}{9}$を足せば999+999+9+$\frac{9}{9}$=2008

また999=333×3に気づくと

333×(3+3)+3×3=2007もすぐできる。

今度は6×666÷2=1998を出発点に

(6×666+6)×$\frac{6}{(6+6)}$+6=2007もできる。

2000=80×25を元に

(88−8)×(8+8+8+$\frac{8}{8}$)+8=2008もある。

さらに4^4=4×4×4×4=256と

2008=251×8を用いて

(4^4−4−$\frac{4}{4}$)×(4+4)=2008も作れる。

2009=49×41からは

7×7×(7×7−7−$\frac{7}{7}$)−$\frac{7}{7}$=2008が得られる。

同様に1と2と5にも挑戦してみてください。

中級編

HYPER TRAVEL COLUMN 18
PeterFrankl

●Kingdom of Cambodia

守宮で占い

　夏の夜、日本各地の古い家の壁や天井に守宮を見かけたことがある。カンボジアでは冬でもたくさんいて、喫茶店の天井で一度に8匹発見したこともあった。守宮はあまり声を発しないけれど、種が違う体長30cmほどのトッケイ（大守宮）はよく鳴く。カンボジアの男性はその声を聞いて「離婚・未婚」と言いながら自分の将来を占うんだそうで、自分の伴侶となる人は離婚した女性なのか、未婚の女性なのか、と。この国の離婚率は高く、大きな要因としてポル・ポト政権があった。長い内戦で壊された家庭が多いことや、クメール・ルージュがやらせた究極の見合い──男女それぞれを1列に並ばせて、みんな目の前の相手と結婚させたのだ！こんな悪しき圧制がなくなれば、そんな「縁」が切れても当然だよね。

中級 問題9

数字の差で逆ピラミッド

```
6    1    4
  5    3
    2
```

　上の図をご覧ください。上の列に6、1、4が並んでいる。そして6と1の下にある5はちょうど6−1であり、1と4の下の3も4−1を満たす。また、5と3の下には5−3=2がある。さらに言うと、1〜6の数字は各1回ずつ使われている。では、1〜10の数字を同じ法則に基づいて下の図に入れてください。

ヒント
まず10などの大きい数字が入る場所を考えることから始めよう。

問題9 解答

正解

```
8    1   10    6
  7    9    4
    2    5
      3


9   10    3    8
  1    7    5
    6    2
      4
```

解説

ヒントに基づいて大きい数字から調べていこう。

10は他の2つの数字の差として表すことが出来ないので最上列に置くしかない。

9については10−1=9として表すか、最上列に置くかしかないことも明らかだ。

次は8の場所を考えよう。9と1が異なる列になったの

で8は10−2として表すしかない。ところが10の両側に1と2が並ぶと10の下に8と9が並んでしまい、その下の9−8＝1は2度目の登場となってしまうのでダメだ。10の両側に9と2が入ると一見うまくいきそうだが、最上列の右か左の「?」に3、4、5、6のどの数字を入れても後が続かなくなってしまう。[下図参照]

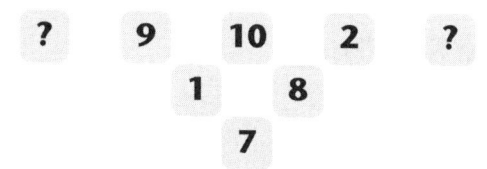

?　9　10　2　?
**　　1　　8**
**　　　7**

例えば左の「?」に5を入れてみよう。5と9の下は4、4と1の下は3、3と7の下は7−3＝4となり、4が2回登場してしまう。

では8を最上列の左端に入れよう。隣に9を入れると1が2回登場してしまうので、先に記したように10−11として表すしかない。よって左から8、1、10となる。その下は左から7、9。残った数字のうち一番大きい6を最上列の右端に置くとうまくいく。

同じように9を最上列に入れた場合を考えると、解は2通りあると判明する。

ただし最上列を逆順（6、10、1、8）にしてもOK！

HYPER**TRAVEL**COLUMN **19**
PeterFrankl

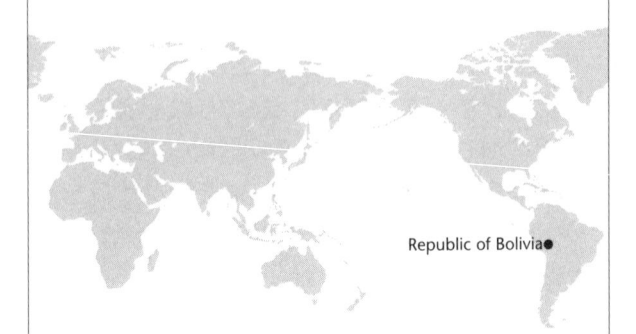

Republic of Bolivia●

上流が下、下流が上

　日本語には「山手」と「下町」という単語がある。徳川時代から江戸の低地は「下町」と呼ばれていた。一方の「山手」は横浜や芦屋などで、洪水や津波に強いため、恵まれた階級が暮らしてきた。海や街を見下ろす丘、そこに住んでいることは世界中で憧れの対象である。しかしボリビアの政府所在地・ラパスは違う。下に行けば行くほど地価が高くなり、トタン屋根の小屋がだんだんと安いアパートに変わっていき、谷の方は広い庭つきの豪華な家が主流である。これにはわけがある。ラパスは4000mの高さに位置しており、空港に着くなり高山病になる人も多い。よって、街を見下ろす山の上がスラム街になっているのだ。それでも谷の高層ビルは、上の方になるにしたがい高価なのが不思議！

中級 問題10

四則演算

1、3、4、6の4つの数字を1回ずつ用いて、結果が25になる式を作ってください。

ただし、四則演算とカッコ以外の数学的記号を用いてはいけない。また、2つや3つの数字を並べて2桁や3桁の数字として使用することも禁止。そしてもちろん各数字をすべて使わないといけない。

25がクリアできた人は24にも挑戦してみてください。こちらの方がもっと難しい!

ヒント

$25 = a \times (b+c) + d$ と $25 = a \times (b+c) - d$ という形の式がそれぞれ一通りずつある。
24を作る式の難しさは、どうしても割り算が必要になることにある。
目指す式は $a \div (b - c \div d)$ の形だ。

中級編

問題10 解答

正解

25=3×(1+6)+4
25=4×(1+6)−3
24=6÷(1−3÷4)

解説

　ヒントで与えられた式に4つの数字をあれこれ当てはめてみると正解にたどり着くはずだ。ただがむしゃらに当てはめるのではなく、dに入る数字を考えると他の記号に当てはまる数字が見えてくる。

　25については、$25=3\times(1+6)+4$、$25=4\times(1+6)-3$がある。

　24についてはもっと苦労するだろう。$24=4\times6$や$24=(1+3)\times6$はすぐに思いつくけれど、4つの数字すべてを使うという条件はなかなか満たせない。

　そこで$24=6\div\frac{1}{4}$という式に注目しよう。さらに$\frac{1}{4}=1-\frac{3}{4}$に気づけば正解の$24=6\div(1-3\div4)$を作り出せる。

　ここまでくると他の数字も作り出したくなる。20〜33を表す式の一例も紹介しよう。

$20=4\times6-1-3$　　$21=4\times6-1\times3$
$22=4\times6+1-3$　　$23=3\times6+1+4$
$26=4\times6+3-1$　　$27=4\times6+1\times3$
$28=4\times6+1+3$　　$29=3\times(6+4)-1$
$30=3\times(6+4)\times1$　$31=3\times(6+4)+1$
$32=4\times(3+6-1)$　$33=3\times(1+4+6)$

　34も作ろうと思ったが、なかなか出来なかった。読者の皆さんで思いついた人がいたら是非知らせてください！

HYPER TRAVEL COLUMN 20
PeterFrankl

●Kingdom of Morocco

夏休みが嫌い

　アラブ世界の最西端、北アフリカのモロッコはかなり開放的(リベラル)である。大西洋に面しているカサブランカや首都・ラバトでは欧州風の服装で道を行く女性が多い。公園のベンチで法律の勉強をしている女子学生に声をかけた。教科書も試験も仏語、民法も刑法もフランスの影響が強いのだとか。夏休みは3ヵ月と聞いて、「いいね」と賛嘆した。ところがチャドルを被っているその女性は、「夏休みがいやだ」と答えた。え、なぜ？ってすごく驚いたけれど、彼女の家はイスラムを遵守して、休み中は映画館に行ったり友達と遊んだりすることはできないらしい。ひたすら家の仕事をしながら、外の世界から遮断されて秋を待つばかりなのだそうだ。

超[ハイパー]数脳トレーニング
上級編

上級 問題1

3つのサイコロ

| 1 | 2 | 3 |
| 6 | 5 | 4 |

　図のように、あるテーブルが6つの部分に区切られていて、それぞれに1から6の数字が書かれている。実はこれは賭博用のテーブルなのだ。客は皆、好きな数字の上に紙幣を置く。それから「オヤ」は3つのサイコロを振る。

　自分が選んだ数字が出ないとお札は没収され、出たら倍の金額が戻ってくる。では、この賭けに勝つ確率を求めてください。

ヒント

3つのサイコロに(想像上)1、2、3と番号をつけて、
出た目の数を2、5、3とか6、1、6とか並べて書くと
6×6×6=216通りの可能性がある。
その中に勝つ場合はいくつあるのか数えればよい。

上級編

問題1 解答

正解

$\dfrac{91}{216}$ でおよそ0.42

解説

「面は6つでサイコロは3つ、ゆえに $\frac{3}{6}=\frac{1}{2}$」

というのは早とちり。確率の問題はしっかり考えないとすごく間違えやすいので、気をつけてほしい。

一個のサイコロだと出た目の数として1~6の6通りである。三個のサイコロだと、例えば（3、4、1）などのように（1、1、1）～（6、6、6）の6×6×6＝216通りとなる。

では例えば6に賭けて、当たらない場合の個数を数えよう。これは（1、1、1）から（5、5、5）までの5×5×5＝125通りとなる。216の半分、108よりは多いのだ。だから当たる場合は216－125＝91通りに過ぎない。そしてその確率は $\frac{91}{216} \fallingdotseq 0.42$ と求められる。

このやり方に疑問があれば直接6が出る場合を数え上げてもよい。1番目のサイコロで6が出るのは6×6＝36通り。1番目は6以外で2番目のサイコロで6が出るのは5×6＝30通り。さらに1と2番目は6以外で、3番目は6の5×5＝25通り。足すと36＋30＋25＝91通りとなる。

魅惑的な女性たち

　アルバニアは地中海に面している人口400万人弱の欧州の小国だ。400年余りにわたってトルコに支配された悲しい歴史をもっている。またその結果、イスラム教徒が人口の7割を占めている。そんなアルバニアの首都・ティラナに滞在した。北朝鮮並みの孤立した独裁政権が長く続いたゆえに、欧州では最貧国となった。しかし予想に反して、高速ネットと高速道路、高級ホテルまであった。でもいちばん驚いたのは女性の姿なのだ。イスラムの影響がほとんどなく、ミニスカートやジーンズで街をぶらぶらしている。彼女たちがもっとも気（と金）をつかうのは、胸部をできる限り魅惑的に見せることだというから、目まで汗をかいてしまった！

上級 問題2

対角線の交点

　正5角形の各対角線を引くと内部に5個の交点ができる[下図参照]。では正7角形の場合はどうだろう？　また正17角形の場合も考えて下さい。

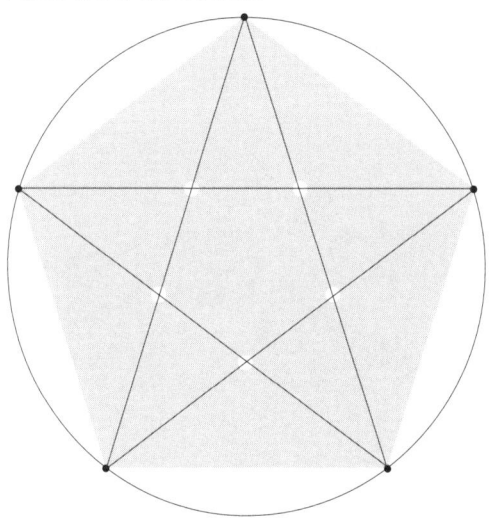

ヒント

正7角形だとパソコンでかなり正確な図を描いて、
14本の対角線を書き入れ、交点を数えるのも可能かもしれない。
けれども正17角形だと対角線の本数は17×14÷2=119にふくらむ。
そして図の内部はとても混みあってしまう。
苦労は別として肉眼で数えるのは無理だろう。だから頭を使うしかない。
ヒントとしては2つ。

[1] 3本以上の対角線が同じ点で交わることがない
[2] 交わる2本の対角線の端点が合計4つだ

上級編

問題2 解答

正解

正7角形の場合は35個で、正17角形の場合は2380

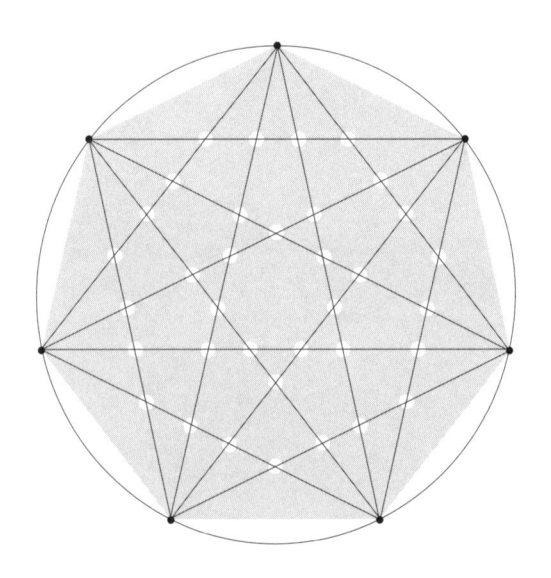

解説

　正7角形の7つの頂点をA、B、C、D、E、F、Gとする。対角線は二種類がある。ACやAFのような短いものとAD、AEのような長いもの。それぞれの上にいくつの交点があるのか数えてみよう。例えばACの場合にこれと交わる対角線がACの左側にあるBと右側にあるD、E、F、Gのどれかを結ぶ1×4=4本である。ADの場合は左側のB、Cと右側のE、F、Gを結ぶ2×3=6本となる。長い対角線も短い対角線も7本あるので(4+6)×7=70になり、これで各交点を2回数える。だから答えは70÷2=35となる。

　しかしヒントを用いるともっと楽にできる。各交点にそれを作り出す2本の対角線の合計4つの頂点は対応する。しかも7点(か17点)から4点(A、B、C、D)を時計回りにどう選んでも四辺形ABCDの両対角線が交点を作る。だから交点の数と頂点から4点を選ぶ選び方は等しい。それは7点の場合は(7×6×5×4)÷(4×3×2×1)=35で、17点の場合は(17×16×15×14)÷(4×3×2×1)=2380に決まる。

HYPER TRAVEL COLUMN 22
PeterFrankl

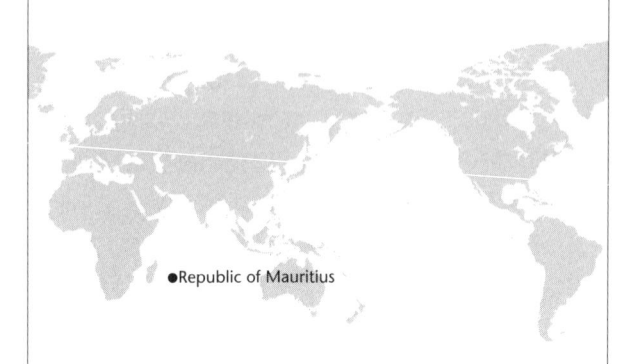

●Republic of Mauritius

高級リゾートの思い出

　インド洋に浮かぶ小さな島国モーリシャスは、高級リゾート地として知名度が高い。だが人口の7割を占めているインド人はもともと英国人が連れてきた人々の子孫で、贅沢とは無縁の暮らしをしている。滞在していたホテルから60km離れたところへ移るときに、少し歩いてから近くの町で車を拾った。案の定、リゾートで言われた値段の半額でフリッカン・フラックへ向かうことになった。ただし、運転手のラジさんは地図どころか字も読めない。彼の英語とぼくのヒンディー語のレベルはともに低くて、会話がほとんど成立せずに多少不安だったのだが、車を停めて店などで道を尋ねるたびに彼はいろいろとおごってくれ、とても楽しい旅になった。

上級 問題3

ケーキを分ける

大きさと形が同じ丸いケーキが5個ある。これらを11人の子供に平等に分けるためにどうすればよいのかが問題。ただし「平等」とは子供たちがもらうケーキの大きさも形も等しいことを意味する。11人全員が2種類の大きさのケーキを一切れずつもらうように分け方を考えて下さい。

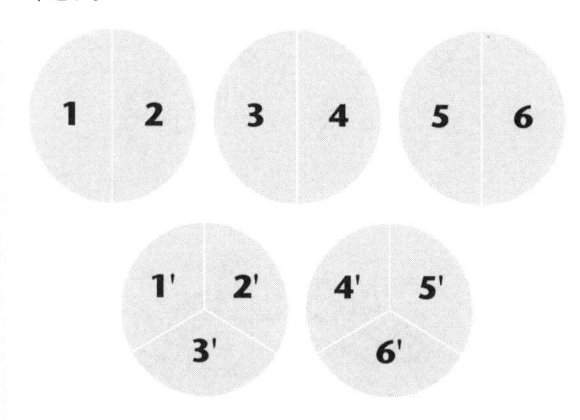

ヒント

同じケーキを6人に分けることを考えよう。
一人一人の取り分は一個のケーキの $\frac{5}{6}$ である。
$5=3+2$ をもとに $\frac{3}{6}=\frac{1}{2}$ と $\frac{2}{6}=\frac{1}{3}$ のケーキを考える。
$3\times2=2\times3=6$ から、3個のケーキを半分ずつに、
また残りの2個のケーキを $\frac{1}{3}$ ずつに切れば両種類がちょうど6切れずつ出揃う。
6人ならこれで正解だけれど11人の場合はどうしよう?
やはり一人一人の取り分である $\frac{5}{11}$ と $5=2+3$ を考えればできるよ。

上級編

問題3 解答

正解

- 1, 2, 3, 1'
- 4, 5, 6, 2'
- 7, 8 $\frac{3}{11}$, 9, 3' $\frac{2}{11}$
- $\frac{2}{11}$ 4', $\frac{3}{11}$ 10, $\frac{2}{11}$ 5', 7', 6' $\frac{2}{11}$, $\frac{2}{11}$
- $\frac{2}{11}$ 8', $\frac{3}{11}$ 11, $\frac{2}{11}$ 9', 11', 10' $\frac{2}{11}$, $\frac{2}{11}$

解説

ヒントにもあるように一人一人の取り分を考える。ケーキは5個なので11人の子供の各々が一個のケーキの $\frac{5}{11}$ をもらうべきだ。

だからといってそのままケーキの $\frac{5}{11}$ を切って、それを子供にあげるべきではない。なぜなら全員に平等にならないから。2人にあげると一個のケーキの $\frac{10}{11}$ となり、残るのは $\frac{1}{11}$ の小さなケーキで、これをもらう子供はかわいそうだ。

そこで $\frac{5}{11}$ の切れも $\frac{1}{11}$ と $\frac{4}{11}$ に分ければよさそうだがこれでも丸く収まらない。その原因は一個のケーキから $\frac{4}{11}$ のケーキを2人分までしか切れないことにある。5個のケーキでも2×5=10にしかならず、11人全員には足りない。

そこで5=2+3を元に $\frac{2}{11}$ と $\frac{3}{11}$ のケーキを考えよう。運よく一個のケーキをこの2種類の大きさに分ける方法は2通りある。数式では

11=2+3+3+3と11=2+2+2+2+3

これで図のような正解ができる。

HYPER TRAVEL COLUMN 23
PeterFrankl

●Brunei Darussalam

消防署の仕事

　熱帯雨林と海に囲まれた小国ブルネイ。石油によって豊かになった現在でも、その首都には水上生活者が多い。足をブルネイ川につけた家々が何列にも並ぶ様は竹馬の如し。市場に行くために水上タクシーを呼ぶほどの豊かさだが、事故も発生するのか消防署もあった。「水上だと火災が少なく、暇なのでは?」と消防士に聞いたら、意外なことがわかった。彼らは火を消すより、ワニや大蛇など、家に潜り込んだ大型爬虫類を捕まえることで忙しいらしい。「捕獲したら原生林に返す」と聞いて、それは素晴らしい! と感銘した。しかし、友達になって自宅でも大道芸を披露した若い消防士によると、爬虫類の多くは中国人の食卓を飾り、代金は彼らの小遣いになるんだとか……。

上級
問題 4

十字架の分解

下にある図形をご覧ください。これは8個の単位正方形（1cm×1cm）によって構成されている十字架である。この図形を4つに切り、それらをうまく組み合わせて1つの正方形を作ってください。

もちろん切った4つが重なったり正方形からはみ出さないように。

ヒント

正方形の面積を求める公式は「辺の長さ×辺の長さ」が有名だが、もう一つの公式がある。それは

対角線の長さ×対角線の長さ÷2

これに基づけば8cm²の正方形の対角線は4cmだとわかる。
それを斜めに置いて、十字形とできる限り重なるようにすればひらめくだろう！

上級編

問題4 解答

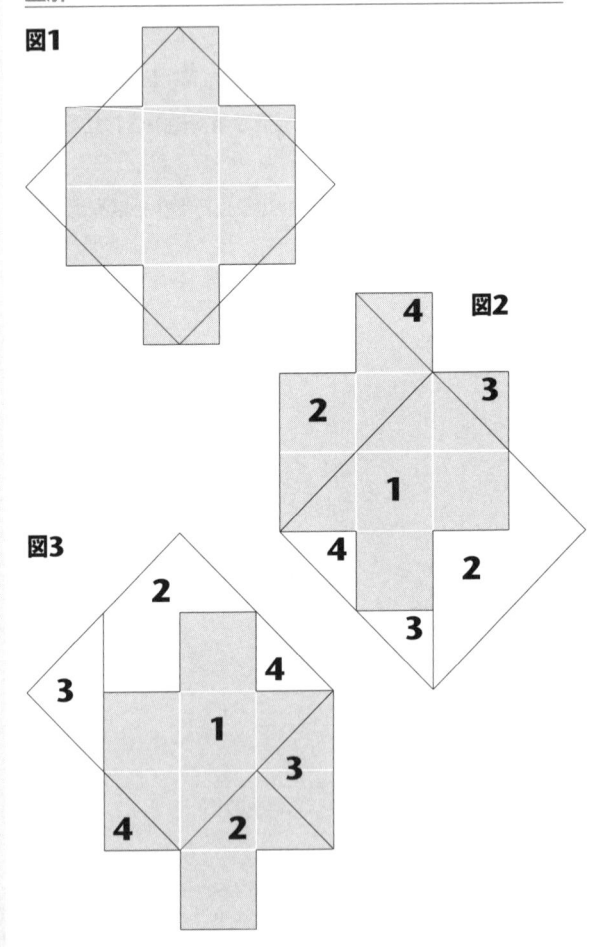

正解

図1

図2

図3

解説

　十字架と斜めの正方形の重なった部分が一番面積が大きくなるのは**図1**の時である。十字形の正方形で覆われていない部分は、8個の直角二等辺三角形で、それぞれの面積は $\frac{1}{2} \times \frac{1}{2} \div 2 = \frac{1}{8}$ cm^{2}と計算される。あわせても $\frac{1}{8} \times 8 = 1$ cm^{2}で、覆われた部分は $8-1=7$ cm^{2}とかなり大きい。しかし覆われていない部分はバラバラになっていて、これでは十字形を4個ではなく9個に切ることになる。

　しかし、正方形を少しずつ斜めにずらすと**図2**や**図3**のようになり、たちまち正解にたどりつく。他にもいろいろなやり方があるので探してみてください。

HYPER TRAVEL COLUMN 24
PeterFrankl

Republic of Congo
Democratic Republic of the Congo

ふたつのコンゴ

「赤道アフリカの大河、コンゴ川の全長は4000kmを超えている。その流域に名称がよく似た国、コンゴ民主共和国（旧ザイール）とコンゴ共和国がある。前者のサッカーチームは航空会社の倒産によって、後者との公式試合に出場できなかった。陸続きなので車で行けばいいと思うけれど、道路状況は想像を絶するほど悪いのだ。面白いのはふたつのコンゴの首都キンシャサとブラザビルは、コンゴ川を挟んで相対していて、1時間ごとの連絡船で結ばれている。その50人乗りの船で驚いたのが、着岸の寸前に2人の乗客が服を着たまま川に飛び込んで泳ぎだしたことだ。いくら近くてもパスポートがなければ、他国へは合法的に入国できない証明だ。

上級 問題 5

3つの分数の和

1から9までの各数字を一回ずつ使って、二桁分の一桁の分数を3つ作って欲しい。しかもその3つの和がちょうど1になるように。

算数・数学の問題は文章だけで説明するよりは式を用いた方がわかりやすいので式でも出題しよう。

$$\frac{A}{BC} + \frac{D}{EF} + \frac{G}{HI} = 1$$

が満たされるようにA〜Iに1〜9の値を当てはめて下さい。ただしBC、EF、HIは二桁の整数を表している。

ヒント

上級の問題の中でも難しい方だ。自力でできたらすごい！
手がかりになる情報が少ないので、まず数字を適当に当てはめてみる。
例えば $\frac{1}{23} + \frac{4}{56} + \frac{7}{89}$ とかを大雑把に計算すると
1よりはるかに小さいことに気づく。
大きい方を分子に置いても $\frac{3}{12} + \frac{6}{45} + \frac{9}{78}$ は $\frac{1}{2}$ 程度だ。
そこで、$\frac{A}{BC}$ を最大にする、つまり $\frac{9}{12}$ にしておけばよい。

上級編

問題5 解答

正解

$$\frac{9}{12}+\frac{5}{34}+\frac{7}{68}=1$$

解説

3つの分数の和が1だったらその3つの平均は$\frac{1}{3}$だよね。ここでBC、EF、HIを小さい順だと考えて、さらにBが1ではないと想定しよう。すると分数の和を大きくしても$\frac{9}{21}+\frac{8}{36}+\frac{7}{45}$なので1まで届かない（電卓で確認してね）。

だからB＝1に決定できる。

これだけではC＝2とA＝9と決まらないけれどその場合を先に考えよう。つまり3～8の数字を使って$\frac{D}{EF}+\frac{G}{HI}=\frac{1}{4}$を解いてみることにする。

ここは新たな考え方が必要となる。一例を通じて説明しよう。

「FもIも5ではない」と証明する。仮にF＝5にするとEFも5の倍数になる。一方DもHIも5で割り切れない。そこで通分してから2つの分数を足すと$\frac{D \times HI + G \times EF}{EF \times HI}$となる。分母は5の倍数だけれど分子は5の倍数と5の倍数ではない2つの数の和なので、5の倍数とはならない。よって約分しても5が分母から消えないのだ。

結局 $\frac{9}{12}+\frac{5}{34}+\frac{7}{68}=1$ が唯一の正解となる。

HYPER TRAVEL COLUMN 25
PeterFrankl

●Republic of Poland

めぐりめぐって己のため

　1966年の夏、家族4人でポーランドを巡った。車で走っていて驚いたのは、他国よりも桁違いに多くの人がヒッチハイクをしていたことである。それにはわけがある。当時のポーランドでは若者に旅行を通じて自国をもっと知ってもらうことを国策としていた。貧しい時代で若者には金がない。けれど市役所に行けば、ただ同然で一冊の手帳を買えた。その中には全国の道路地図と車を降りるとき運転手に渡す100枚のクーポンが入っていた。客は10kmごとにクーポンを一枚払い、運転手はそれを大切に保管していた。なぜならクジ券になっていて、年末の抽選会で新車が当たるかもしれないからで、だからこそ、積極的に若者を乗せてあげていた。「情けは人のため」ではない。

上級 問題6

枠内の数字の個数

```
この枠内に
0は     個     5は     個
1は     個     6は     個
2は     個     7は     個
3は     個     8は     個
4は     個     9は     個
がある。
              2008年1月1日
```

0〜9の各数字の個数がピッタリ合うように空いている箇所に1桁の数字を記入してください。

ヒント

```
この枠内に
0は 1 個     5は 1 個
1は 7 個     6は 1 個
2は 3 個     7は 2 個
3は 2 個     8は 1 個
4は 1 個     9は 1 個
がある。
```

上の文章はピッタリ合っていることを確認してください。
本文は2008などの数字も加わるのでさらに工夫が必要となる。

問題6 解答

正解

> この枠内に
> 0は **3** 個　5は **2** 個
> 1は **6** 個　6は **2** 個
> 2は **5** 個　7は **1** 個
> 3は **3** 個　8は **2** 個
> 4は **1** 個　9は **1** 個
> がある。
>
> 2008年1月1日

解説

　0の個数は2008の2個の0も考えると3個だとわかる。しかも各数字が1つ以上あるのでもう変わらない。一方「1個」となり得るのは4〜7と9の合計5個なので1は日付の部分を加えても8個以下だとわかる。よって9は1個に決まる。

　1の個数によって場合分けしよう。1は8個だと想定すると右の通りになる。

```
この枠内に
0は  3  個      5は  1  個
1は  8  個      6は  1  個
2は  ?  個      7は  1  個
3は  ?  個      8は  1  個
4は  1  個      9は  1  個
がある。
                    2008年1月1日
```

ここは既に3個の3がある。「3は3個」と書くと3は4個以上になって、合わなくなる。だから3の?に4以上の数字が入る。しかしそれで4~7のどれかの1個が合わなくなる。一方、1を6個にすると以下の正解ができる。

```
この枠内に
0は  3  個      5は  2  個
1は  6  個      6は  2  個
2は  5  個      7は  1  個
3は  3  個      8は  2  個
4は  1  個      9は  1  個
がある。
                    2008年1月1日
```

HYPER TRAVEL COLUMN 26
PeterFrankl

●Republic of South Africa

それぞれの見解

　アフリカへ行ったこともなかったぼくは、大阪と南アフリカ共和国最大の都市・ヨハネスブルクを結ぶ便があると聞き、気軽に乗り込んだ。下調べを怠ったぼくは機内で何人かにアフリカについて質問した。白人は「5ドルのために殺されることがある。着いたら次の便ですぐ日本に戻るべきだ」と口をそろえて言った。一方、黒人は「人種隔離政策が廃止になり、素晴らしいところだ」と説く。困ったぼくは、空港で知り合ったアフリカで商売している中国人の意見を信じた。中立の立場だと思われる彼の見解は「白人の邸宅を狙う強盗が増えたスラム街の治安は依然として悪い。あとは他国並み」というもの。結局、大道芸も存分にでき、多くの人と出会い、思い出の2週間になった。

上級 問題 7

数列の秘密

2008から始まる次の数列をご覧ください。

2008、2018、2029、2042、2050、2057、2071、2081、2092、2105

この数列の秘密を見破って2105の次の項を当ててください。

ヒント

解法としては何らかの規則性を見つけ出し、
それに基づいて次の項を求めるのだが、発見すべき規則性は一味違う。
いつまで続けても9の倍数が現れないということをヒントとして与えよう。

問題7 解答

正解

2113
2125 の2通り

解説

　正解を導く方法を2つ紹介しよう。

　数列の各項は前の項より大きいので、その増え方を調べる。2018−2008＝10、2029−2018＝11…と差を書き出していくと、10、11、13、8、7、14、10、11、13となる。これだけを見ると、「差が周期的で、10、11、13、8、7、14と繰り返される」と結論づける人も少なくないだろう。それを元に次の項を調べると2105＋8＝2113で正解となる。

　しかしこれでは本当の規則を見つけたことにはならない。ヒントを元に9で割ったときの余りを調べよう。

　すると1、2、4、8、7、5、1、2、4　とこれも周期的である。しかも毎回2倍か、2倍の数を9で割った余りになっている。

　（8×2＝16＝9＋7、5×2＝10＝9＋1）

　ここで『9の法則』、つまり9で割ったときの余りの求め方を思い出して欲しい。「ある数を9で割ったときの余りは、元の数字の各位の数字を足した数を9で割ったときの余りと等しい」。そう、この数列の秘密は、ある項にその各位の数字を足すと次の項が得られるのだ。

　2105＋2＋1＋0＋5＝2113、この法則だとその後は2120、2120＋14＝2134ではなく、2120＋5＝2125と続く。

HYPER TRAVEL COLUMN 27
PeterFrankl

●Republic of the Philippines

コブラ騒動

　フィリピンの田舎に行ったとき、そこの町長が離れの竹小屋に泊めてくれた。ある夜、豪雨のあとに帰宅したら小屋の扉が開いていた。町長は「ちょっと待って」と言い、母屋から2本の懐中電灯を持ってきた。「コブラが逃げ込んだのかもしれない」と脅かす。それからぼくたちは、懐中電灯を照らしながら念入りに調べた。こんな経験が初めてだったぼくは、興奮状態でベッドの下やトイレの中を照らしていた。もっとも、もしコブラが見つかったらどうすべきか町長も言わなかったし、ぼくも聞き忘れていた。捜索後に初めて「その場合は、ゆっくりゆっくり後ろへ下がればいい。慌てるとコブラが噛みつくからね!」。

上級
問題 8

長方形を切る

横3cm、縦8cmの長方形の紙がある。これをハサミでいくつかの図形に切り、それらを再び組み合わせて4cm×6cmの長方形を作りたい。

余裕のある人は切り取る図形の数を出来るだけ少なくする方法を考えてください。

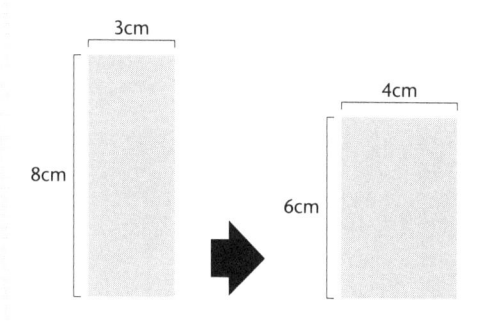

ヒント

それぞれの図形を3つに切るやり方を考えてみよう。
それを可能にするために2つの図形を重ねてみてください。
2つずつに切る方法もあります。
階段状の合同な図形に分ければよい。

問題8 解答

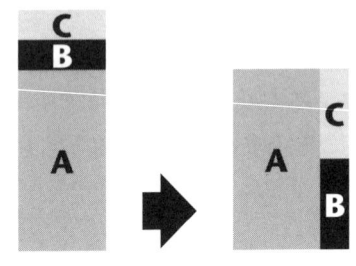

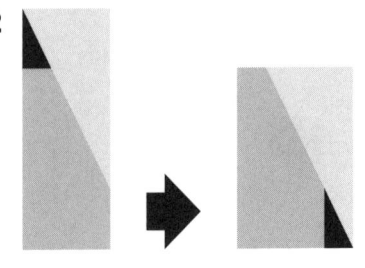

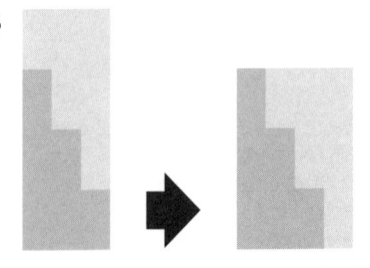

正解

図1

図2

図3

解説

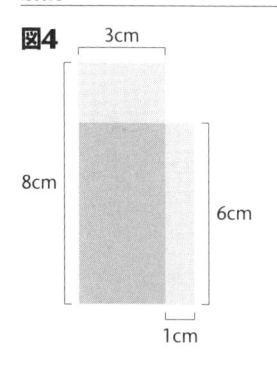

図4

3cm / 8cm / 6cm / 1cm

このタイプの問題だとまず、ヒントにあるように二つの図形を重ねることが解答への近道となる[図4参照]。

重なっている部分は共通である。また両方の図形の面積が等しいならば、はみ出ている部分もそうだ。この場合は高い長方形の上の2×3の部分と太めの長方形の6×1の部分。これらをみてすぐ**図1**のやり方に気づくだろう。

もうちょっと高度だけど、**図4**で斜めの線を引くと**図2**で示した別解もできる。この方法は面積が等しい長方形同士ならかなり幅広く用いることができる。

これらのやり方はいずれも3つに切る方法だが、2つでも可能である。**図3**のように、階段の形に切り、ずらして組み合わせればよい。

上級編

HYPER **T**RAVEL **C**OLUMN **28**
PeterFrankl

●Mongolia

のんびりムード

　モンゴルと聞くと、必ずある情景が頭に浮かんでくる。首都ウランバートルの駅で、バイカル湖方面へ向かう列車の出発を指示する青い旗を鉄道員が上げる。それに対して、最後尾の車両の階段に立っている若い女性車掌は、左手で扉をつかみながら右手に持っているソフトクリームで挨拶する。ゆっくり動き出す列車。ソフトクリームを満悦の笑顔でなめている彼女が車両に登って扉を閉める……。日韓中からの投資や援助を受けて、モンゴルは何世紀もの眠りから醒め始めている。でも、仕事に対する大らかでのんびりした態度はいまだによくみられる。1平方km当たりの人口密度が2人未満のこの国には、そのような暮らしがよく似合うとぼくは感じている。

上級 問題9

魔方陣

魔方陣ってご存知かな？　例えば4マス×4マスの魔方陣は中世の偉大な画家、アルブレヒト・デューラーの絵にも登場するよ。0～15の各数字を4×4の正方形の形にアレンジしたもので、各行、列と対角線上の数字の和がすべて同じである。現代なら数学の力を借りて簡単に作ることが可能だが、昔の人にとってはとても難しかったらしい。そこで問題。下の魔方陣を完成させてください。

0			6
	12		
9			15

ヒント

各行、各列、対角線上の4つの数字の和がすべて等しい、とあるが、
その和の値はいくつだろう？ これはわりと簡単にわかる。
0～15の各数字を足すと、(0+15)×8=120となる。
また、これは4つの行の各数字を足してから、
この4つの和を再び足した数でもある！
各行の和は等しいので、120÷4=30だと判明する。
これとすでに記入されている数字をヒントに埋めてみてください。

上級編

問題9 解答

正解

0	11	13	6
14	5	3	8
7	12	10	1
9	2	4	15

解説

　一対角線上9、12、6はすでに並んでいる。この3つを足すと27になるので、4つ目の空欄には30−27=3が入ることがわかる。

　下の行には9と15がある。だから残り2つの数字の和は30−24=6となる。0と3は使用済みなので、1と5か2と4となる。そこで場合分けをしよう。

　順番はひとまず保留にして、1と5が入ったとする。い

ちばん右の列は6と15以外に30−6−15=9を和として持つ数字が入るべきだ。0、1、3、5は使えないので、2と7に決まる。そこで一番上の行に注目しよう。空欄に入る2つの数字の和が30−0−6=24となるので、10と14か11と13しかない。左から2列目を見てみよう。上に10、11、13、14のいずれかが入るので、それに12を足すと22以上になる。だから上から2番目には7以下の数字がくる。

ところがまだ使っていない数字で条件に合うのは4しかない。これで**図1**まで決まるけれど、?には30−4−15=11になってしまうのでダメだ。よって一番下の行には1と5ではなく2と4が入る。これで一番右の列には1と8が入ることになり、残りの空欄もスムーズに埋まる。

図1

0	13	11	6
	4	3	
	12	?	
9	1	5	15

HYPER TRAVEL COLUMN 29
PeterFrankl

●Republic of Croatia

支配の歴史

　クロアチアは1991年に旧ユーゴスラビアから独立する前には、独立国家として存在したことがなく、ハンガリーやトルコ、オーストリアに支配されてきた。ハプスブルク帝国の一部であった1848年に、クロアチアの総督エラチッチはハプスブルク政権を応援してブダペストの革命を鎮圧するために、軍隊を率いてハンガリーに侵入した。戦いには敗れたが、首都ザグレブの中央広場には彼の彫像が今も建っている。剣を持った彼の顔はもともとブダペストに向いていたが、セルビアに対する激しい独立戦争で彫像全体が約90度回転し、今はベオグラードの方を向いている。

上級 問題10

重い金貨をどう見つける?

4つの袋がある。それぞれに10枚の金貨が入っている。見た目はまったく同じだが、金貨には30gと31gの2種類がある。ただし、各袋にはどちらか1種類の金貨しか入っていない。

そこで袋から何枚かの金貨を取り出し、重さを正確に量ることのできる天秤を1度だけ使い、それぞれの袋に入っている金貨の種類（重さ）を知りたい。

どうすればよいか考えてください。

ヒント

各袋から1枚ずつ取り出して、合計の重さが122gなら
30gと31gが入っている袋はそれぞれ2袋ずつだとわかる。
だが、どの袋が30g入りでどの袋が31g入りかを知るすべがない。
それぞれの袋から、1、2、3、4枚を取り出し、秤に乗せて合計を量るとどうなる?
たとえば304gになったとしよう。
これで量った10枚中に30gは6枚、31gは4枚あるとわかる。
しかしその4枚はすべてが4番目の袋のものだとは限らない。
1番目と3番目の袋のものかもしれない。
でも、取り出す金貨の数をもう少し工夫すればできるよ!

上級編

問題10 解答

正解

4つの袋からそれぞれ
1、2、4、8枚[計15枚]の金貨を取り出し、
その重さの合計を量る。
量った重さから450gを引けば
15枚中の31gの金貨の枚数を得ることができる

解説

[例]各袋からそれぞれ1、2、4、8枚の金貨を取り出し、その重さの合計を量る。取り出した金貨は計15枚なので、合計の重さは30g×15＝450gから31g×15＝465gの間になる。

たとえば合計が461gならば、461－450＝11で31gの金貨は11枚入っているとわかる。1、2、4、8を組み合わせて11を表す方法は、1＋2＋8＝11しかないので、3番目の袋には30gの金貨が、残りの袋には31gの金貨が入っていることがわかる。

4番目の袋から8枚ではなく、7枚を取り出した場合、各袋の金貨の種類は断定できなくなる。457g、つまり重い金貨が7枚のとき、その金貨はすべて4番目の袋のものなのか、残りの3袋（1＋2＋4＝7）のものなのか判断できない。

4番目の袋から9枚や10枚を取り出すならば大丈夫だ。

ここに挙げた以外にもいろいろな方法があるので、ぜひ調べてみて欲しい。たとえば、取り出す枚数を（6、8、9、10）や（1、2、5、9）にするなど。大事なことは、いくつかを足した和からどれとどれを足したかという判定ができることだ。

HYPER TRAVEL COLUMN 30
PeterFrankl

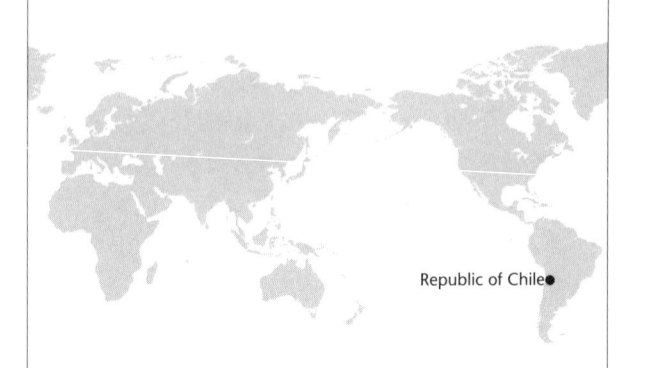

Republic of Chile

急な坂道の町

　日本の形を「細長い」と形容する人は少なくない。南米チリの場合もこの形容がピッタリだ。アンデス山脈と太平洋に挟まれ、南北4000kmの長さを誇りながらも総面積は日本の倍にとどまる。北部は熱帯の砂漠、南部には夏でも涼しい世界最南端の町がある。チリ最大の港町・バルパライソはアンデス最高峰、標高6960mのアコンカグア山の麓にある。バルパライソはアンデスとは比較にならない。そこでは坂道を登ることは登山に相当するのだ。ではみんな、どうやって暮らしているのか？町中に斜面を這って登るような古くて遅いエレベータがたくさんあるのだ。

本書は「AERA」(朝日新聞社)連載「ピーター・フランクルの脳力パズル」
(2005年8月1日号〜2006年9月4日号)に加筆修正したものです。

Peter Frankl
日本名=富蘭平太

1953年......ハンガリーに生まれる。
物理学、歴史学、数学とあらゆることに熱中した。
1971年......ブダペストのオトボス大学数学科入学。
国際数学オリンピックで金メダルを獲得。
1973年......アメリカ人数学者・ロナルド・グラハムに出会い、
氏の指導でジャグリングにのめりこむ。
1975年......パリ第7大学に国費留学。初めての西側諸国の印象は「自由」。
1977年......数学博士号取得。論文タイトルは「極値集合論」。
1978年......ハンガリーサーカス学校で舞台芸人の国家資格取得。
1979年......フランスに亡命。
イギリス、インドなどに招かれ、共同研究や講演を行う。
1982年......東京大学から招聘、初来日。「とても居心地のいい国だと感じた」。
1987年......フランス国籍取得。
国際数学オリンピックの日本チーム参加のために尽力。
1988年......日本定住を決心。

以後、愛されるキャラクターで各界から人気を博し、
数学を楽しく広めることに大きく貢献する。
同時に全世界の路上で披露する大道芸も大人気である。
パリ第6大学教授、フランス国立科学研究センター上級研究員、
米国ベル研究所科学コンサルタント、慶應義塾大学理工学部非常勤講師、
早稲田大学理工学部客員教授などを歴任。
1998年にはハンガリーの最高科学機関「ハンガリー学士院」メンバーに選ばれる。
これまで訪問した国は80ヵ国以上、
語学はロシア語、ドイツ語、スウェーデン語、スペイン語、ポーランド語、中国語など
12ヵ国語に堪能。
著書に新装版『頭をよくする本』『頭のよくなる本』[小社刊]、
『ピーター流らくらく学習術』『ピーター流生き方のすすめ』[岩波ジュニア新書]、
『僕が日本を選んだ理由』[集英社文庫]など多数。

ピーター・フランクルの超数脳(ハイパー)トレーニング
2007年8月27日第1版第1刷発行
2012年8月28日　　　第2刷発行

著者
ピーター・フランクル

発行
玉越直人

発行所
WAVE出版
〒102-0074 東京都千代田区九段南4-7-15
TEL.03-3261-3713　FAX.03-3261-3823
振替00100-7-366376
E-mail:info@wave-publishers.co.jp

印刷製本
萩原印刷

編集協力
石田豊

イラストレーション
今井雅巳

装幀
日下充典

本文デザイン
KUSAKAHOUSE

© Peter Frankl 2007 Printed in Japan
落丁・乱丁本は送料小社負担にてお取り替えいたします
本書の無断複写・複製・転載を禁じます
ISBN978-4-87290-311-9